目录
contents

现代风格　　001

简约风格　　037

北欧风格 073

工业风格 113

室内风格与软装方案大全

方案大全 | 现代

理想·宅 编

中国电力出版社
CHINA ELECTRIC POWER PRESS

内容提要

本书包含广受业主喜爱的现代风格、简约风格、北欧风格、工业风格 4 类现代装饰风格，书中分析了风格设计要素，运用大量的图片帮助读者真正了解风格特点，可作为灵感来源和参考资料使用。软装搭配元素以拉线的方式辅助讲解，风格要素一目了然，风格特点一看就懂，可以帮助读者解决疑难点问题。

图书在版编目（CIP）数据

室内风格与软装方案大全 . 现代 / 理想·宅编 . — 北京：
中国电力出版社，2020.7
  ISBN 978-7-5198-4609-1

  Ⅰ.①室…　Ⅱ.①理…　Ⅲ.①住宅 – 室内装饰设计 – 图集
Ⅳ.① TU241-64

  中国版本图书馆 CIP 数据核字（2020）第 073097 号

出版发行：中国电力出版社
地　　址：北京市东城区北京站西街 19 号（邮政编码 100005）
网　　址：http://www.cepp.sgcc.com.cn
责任编辑：曹　巍（010–63412609）
责任校对：黄　蓓　朱丽芳
责任印制：杨晓东

印　　刷：北京博海升彩色印刷有限公司
版　　次：2020 年 7 月第一版
印　　次：2020 年 7 月第一次印刷
开　　本：889 毫米 × 1194 毫米　16 开本
印　　张：9
字　　数：271 千字
定　　价：58.00 元

家 具

整体线条简洁流畅，摒弃了传统风格的繁复雕花，多以几何造型居多。

线条简练的板式家具、造型家具、金属家具、布艺家具

材 料

选材上不再局限于天然材料，更喜欢使用新型的材料。

复合地板、不锈钢、文化石、大理石、木饰墙面、玻璃、条纹壁纸

配 色

一种以无色系中的黑、白、灰为主色，至少出现两种；另一种是具有对比效果的色彩。

黑、白、灰组合，黑白灰 + 高纯度彩色，黑白灰 + 金色 / 银色，双色相对比，多色相对比，色调对比

形状图案

现代风格的造型、图案多以点、线、面的几何抽象艺术图形代替繁复的造型。

直线型、圆形、弧形、点线面组合、几何图案

装 饰

在软装饰品的搭配中常把夸张变形的或具有现代符号的饰品融合到一起。

抽象艺术画、金属灯具、玻璃灯具、玻璃饰品、抽象金属饰品

色彩既可以简化，也可以丰富

　　现代风格的家居既可以选择将色彩简化到最少程度，如采用无色系展现风格的明快及冷调；如果觉得居家生活因过于冷调而流于冷漠，则可以用红色、橙色、绿色等做跳色。除此之外，为展现现代风格的特征，还可以使用强烈的对比色彩。

造型家具　　　　　玻璃茶几

无色系窗帘　　　　几何图形布艺家具　　　　造型家具

造型家具　　　抽象艺术画

造型家具　　　无色系家具

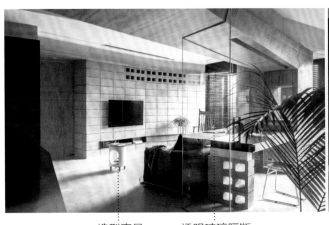

造型家具　　　透明玻璃隔断

时尚灯具　　　金属花器

大理石家具　　　金属花器

金属家具　　造型家具

造型家具　　　大理石家具

色彩鲜艳的抱枕　无色系家具

直线条家具　　　抽象艺术画

抽象艺术画　　时尚灯具

皮质＋金属材质的家具　　线条简练的板式家具

造型家具　　几何图案抱枕

造型家具　　时尚灯具

时尚灯具　　线条简练的板式家具

金属灯罩　　造型家具

造型家具　　时尚灯具

造型家具　　　　　　　无色系家具

造型家具　　　线条简练的板式家具　　　透明亚克力家具　　　时尚灯具

造型家具　　　线条简练的板式家具　　　玻璃灯具　　　无色系家具

抽象艺术画　　无色系家具　　　　　条纹沙发　　　　　造型家具

整体无色系配色，更显冷酷个性

　　若追求冷酷和个性，全部使用黑、白、灰的配色方式会体现得更为充分。根据居室的面积，选择其中的一种做背景色，另外两种搭配使用；追求舒适及个性共存的氛围，可搭配一些大地色系或具有色彩偏向的灰色，如黄灰色、褐色、土黄色等，但面积不宜过大。如果喜欢科技感和时尚感，还可以在前面的两种配色中加入金色、银色。

抽象艺术画　　无色系家具

无色系家具　　　　线条简练的板式家具

直线条家具　时尚灯具

几何图案地毯　　　　时尚灯具

造型家具　　　　　　时尚灯具

大理石家具　　色彩鲜艳的矮凳

抽象艺术画　　　几何图案地毯

时尚灯具

无色系家具　　抽象艺术画

线条简练的板式家具　时尚灯具

直线条家具　　　线条简练的板式家具

时尚灯具

个性摆件　时尚灯具

无色系窗帘　　造型家具

无色系家具　　线条简练的板式家具

金属工艺品　　无色系家具

金属家具　　无色系家具

造型家具　　造型花瓶

无色系家具　　金属家具

造型家具　　金属家具

造型家具　　　　　　大理石家具　　　　　　无色系窗帘　　　　　　无色系家具

无色系家具　　　　　　金属装饰品　造型家具　线条简练的板式家具

玻璃茶几　　　无色系家具　　　　　　无色系家具　　　　　　金属家具

华丽色彩点缀，增添前卫时尚感

　　如果喜欢华丽、另类的活泼感，可以采用强烈的对比色，如红绿、蓝黄等配色，且让这些色彩出现在主要部位，如墙面、大型家具上；如果喜欢平和中带有刺激感的效果，可以用黑、白、灰做基础色，以艳丽的纯色做点缀搭配玻璃、金属材质，可以塑造出前卫的效果。

无色系家具　　　　无框画

造型家具　　　　几何图案地毯

无色系家具　　　　金属家具

几何图案抱枕　玻璃茶几

造型家具　　　线条简练的板式家具

线条简练的板式家具　　　造型家具

个性摆件　　　　　　　玻璃＋金属材质的家具

时尚灯具　　　　　无色系床品

大理石家具　　　　无色系家具

大理石家具　时尚灯具

金属家具　　　　色彩鲜艳的抱枕

色彩鲜艳的抱枕　　　抽象艺术画

时尚灯具

个性装饰　　　金属工艺品

线条简练的板式家具　时尚灯具

几何图案地毯　　　　造型家具

造型家具

时尚灯具　　线条简练的板式家具

玻璃＋金属材质的家具　抽象艺术画

纯色地毯　　　　无色系家具

直线条家具　　　　时尚灯具

金属灯具　　　　　　　无色系窗帘　　　　　　　无色系床品　　　线条简练的板式家具

大理石家具　　　　　　　　　无色系家具　　　　　个性摆件

色彩鲜艳的抱枕　金属家具

金属家具　　　　　　　　造型家具

几何结构凸显空间时尚感

现代风格空间中除了横平竖直的方正空间外，还会在空间中加入直线型、圆形、弧形等几何结构，令整体空间充满造型感和无限的张力，同时体现现代风格创新、个性的理念。而几何图形本身具有的图形感，也可以成为现代风格的居室中装饰设计的代表性元素。

无色系家具　　　　组合家具

几何图案地毯　　金属装饰品

时尚灯具　　　大理石家具

造型家具　　　抽象艺术画

不锈钢装饰　　玻璃＋金属材质的家具

造型家具　　大理石家具

时尚灯具　抽象艺术画

线条简练的板式家具　镜面＋实木材质的家具

线条简练的板式家具　　组合茶几

造型家具　　　几何图案床品

抽象艺术画　无色系床品

时尚灯具　　　造型家具

直线条家具　　　造型家具

线条简练的板式家具　　　　直线条家具

线条简练的板式家具　　　　时尚灯具

线条简练的板式家具　　　　抽象艺术画

线条简练的板式家具　造型家具　　　金属装饰品　　　　几何图案地毯

时尚灯具　金属家具

无色系床品　　　　不锈钢灯具

不锈钢灯具　　无色系家具　　　　　　　　　　　线条简练的板式家具

线条简练的板式家具　时尚灯具　　　　　　　不锈钢灯具　　无色系家具

造型家具　　　　　　个性摆件　　　　　线条简练的板式家具　时尚灯具

时尚灯具　　线条简练的板式家具　　　　　抽象艺术画　　　　个性摆件

现代风格选材不再有局限性

现代风格的家居在选材上不再局限于石材、木材、面砖等天然材料，一般喜欢使用新型的材料，尤其是不锈钢、铝塑板或合金材料，已作为室内装饰及家具设计的主要材料；也可以选择玻璃、塑胶、强化纤维等高科技材质，来表现现代时尚的家居氛围。

无色系家具　　　　　　金属家具

玻璃＋金属材质的家具　　线条简练的板式家具

造型家具　　　　　　抽象艺术画

线条简练的板式家具　　　色彩鲜艳的抱枕

金属装饰品　　　　玻璃＋金属材质的家具

皮质沙发　　　无色系窗帘　　　　　线条简练的板式家具　　　色彩鲜艳的抱枕

抽象艺术画　色彩鲜艳的抱枕　　　色彩鲜艳的抱枕　　　　直线条家具

直线条家具　　　　金属工艺品　　　色彩鲜艳的抱枕　　　　造型家具

色彩鲜艳的抱枕　　　个性摆件　　　　线条简练的板式家具　　无色系窗帘

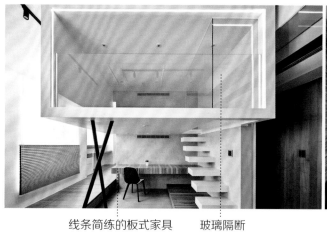

线条简练的板式家具　　玻璃隔断

金属工艺品　金属家具

无色系家具　　玻璃茶几

组合茶几　　造型家具

大理石电视柜　　不规则装饰物

线条简练的板式家具　　色彩跳跃的花器

组合茶几　　色彩鲜艳的抱枕

几何图案地毯　　　　　无色系家具

直线条家具　　　个性摆件

无色系家具　　　抽象艺术画　　　　造型家具　　　金属家具

铁艺装饰　　　纯色布艺家具

直线条家具　　　铁艺屏风隔断

金属材料的合理运用

现代风格大胆地使用金属材料，如不锈钢、铁器等，形成其风格的独特装饰感。但金属材料表面过于坚硬，触摸手感冰冷，不适合大面积使用，多将金属材料运用到家具和工艺品的点缀设计中，以突出设计的新颖。

金属家具　　　　　　　线条简练的板式家具

造型家具　　　　金属家具

造型家具　　　　时尚灯具

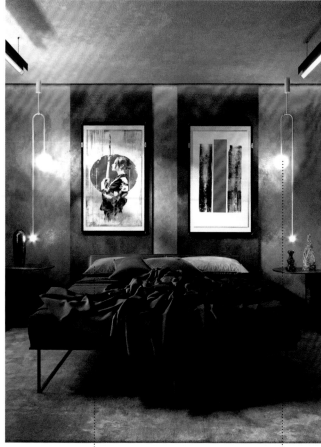

色彩鲜艳的抱枕　　　　　时尚灯具

线条简练的板式家具　　时尚灯具

线条简练的板式家具

无色系床品　金属工艺品

抽象艺术画　时尚灯具

纯色床品　　　时尚灯具

大理石家具　造型家具

个性摆件　大理石家具

线条简练的板式家具　纯色地毯

无框三联画　　　　几何图案抱枕

无框画　　　　时尚灯具

抽象艺术画　　　　时尚灯具

无色系家具　　玻璃茶几

时尚灯具　线条简练的板式家具

无色系家具　　玻璃＋金属材质的家具

玻璃＋金属材质的家具　　　　金属家具

无色系家具　　　　金属花器

线条简练的板式家具　　无色系床品

抽象艺术画　　无色系家具

抽象艺术画　　　　　　直线条家具

无色系家具　　　　色彩鲜艳的抱枕

无色系窗帘　　金属灯具

时尚灯具　　　　造型家具

个性家具的点缀为空间增添艺术格调

在现代风格的空间中，除了运用材料、色彩等技巧营造格调之外，还可以选择造型感极强的几何型家具作为装饰元素。如圆形或不规则多边形的茶几、边几等。利用此种手法不仅简单易操作，还能大大提升房间的现代感。

抽象艺术画　　　　无色系家具

木质饰面板　　　　　　时尚灯具　　　　　　　无色系抱枕

造型家具　　　时尚灯具

灯光的组合　　　　　　不锈钢家具

无色系床品　　　　线条简练的板式家具

抽象艺术画　　　　无色系窗帘

金属家具　　　　线条简练的板式家具

线条简练的板式家具　　　无色系家具

造型家具　　　抽象艺术画

线条简练的板式家具

无色系床品　　　　无色系窗帘

几何图案床品　　金属工艺品

无色系家具　　　　　　　几何图案抱枕

几何图案地毯　　　大理石家具

大理石家具　　　　　　　无色系家具

无色系家具　　　　线条简练的板式家具

镜面家具　　　　时尚灯具

造型家具　　　　抽象艺术画

线条简练的板式家具　　无色系家具

抽象艺术画　　　造型家具

金属灯具　　　　造型家具

时尚灯具　　　　　个性摆件

直线条家具　　几何图案抱枕

色彩鲜艳的抱枕　　　　抽象艺术画

色彩跳跃的家具　　　　个性摆件

现代时尚家居风格装饰品选择的多样性

在现代风格的居室中，可以选择一些石膏作品作为艺术品陈列在家中，也可以将充满现代情趣的小件木雕作品根据喜好任意摆放。此外，符合其空间风格的装饰画是软装中必不可少的元素。当然，现代风格居室中的装饰品也可以选择另类物件，如民族风格浓郁的挂毯和羽毛饰物等。

色彩鲜艳的抱枕　　无色系家具

线条简练的板式家具　　时尚灯具

无色系窗帘　　皮质沙发

时尚灯具　　无色系家具

无色系家具　　造型家具

金属灯具　　几何图案床品　　　　　　　　　　抽象艺术画　时尚灯具

造型家具　　时尚灯具　　　　　　　　　　　　造型家具　　　　　　铁艺家具

时尚灯具　金属装饰品　　　　　　　　　　　　造型家具　　　　　　无色系家具

线条简练的板式家具　　　　　无色系窗帘　　　　时尚灯具　　　　　抽象艺术画

造型家具　　　　　　　纯色布艺沙发

抽象艺术画　　　　　　几何图案地毯

抽象艺术画　　　　时尚灯具

无色系床品　　　　　　金属灯具

无框画　　色彩鲜艳的抱枕

直线条家具

透明玻璃隔断　　　　无色系床品

无色系家具　　线条简练的板式家具　　　　　　　　　　　无色系床品

无色系窗帘　　无色系家具　　　　　　　　　　造型家具　　　　金属装饰品

造型家具　　　　　　　　　　无色系窗帘　　　　造型家具　　抽象艺术画

软装饰品更加注重追求个性化

现代风格不再拘泥于传统的逻辑思维方式，而是探索创新的造型手法，追求个性化。在软装饰品的搭配中常把夸张变形的或是具有现代符号的饰品融合到一起，因此一些怪诞的抽象艺术画、无框画、金属灯罩、玻璃灯罩、玻璃饰品、抽象金属饰品等被广泛运用到现代风格的家居中。

线条简练的板式家具   金属灯具

金属工艺品   抽象艺术画

无色系家具   个性摆件

时尚灯具

线条简练的板式家具   时尚灯具

造型家具　　　铁艺屏风隔断

直线条家具　　　时尚灯具

个性摆件　　　无色系床品

色彩跳跃的沙发　　　抽象艺术画

线条简练的板式家具　　　个性摆件

线条简练的板式家具　　　个性摆件

金属家具　　　　　　时尚灯具

几何图案地毯　　　　　抽象艺术画　　　色彩跳跃的餐垫　　　不锈钢装饰物

无色系家具　　　　　不锈钢装饰物

透明玻璃隔断　　　　木质饰面板

时尚灯具　　　线条简练的板式家具

材 料

不会采用多余的材料装饰和复杂的造型设计，通常保持材料最原始的状态。

纯色涂料、浅色木纹饰面板、抛光砖、通体砖、镜面／烤漆玻璃、石材、石膏板造型

家 具

家具选择上强调形式服从功能，一切从实用角度出发，摒弃过多的附加装饰。

带有收纳功能的家具、直线条家具、巴塞罗那椅、低矮家具、多功能家具

配 色

通常以黑、白、灰为大面积主色调，搭配亮色进行点缀。

白色＋暖灰色＋银色、白色＋冷灰色＋金色、白色＋黑色、白色＋高明度暖色系、白色＋高明度冷色系、白色＋高明度对比色

形状图案

用最简约的装饰线条体现空间和家具营造的氛围。

简洁的直线条、大面积色块、直角、几何图案

装 饰

配饰选择应尽量简约，没有必要为了显得"阔绰"而放置一些体积较大的物品，尽量以实用方便为主。

无框画／抽象画、纯色地毯、黑白装饰画、鱼线形吊灯

色彩追求简约、明快、干净

简约风格家居的最大魅力来自色彩给人的舒适感和惬意感，追求自然的效果。由于简约风格给人的感觉是简约、明快、干净，在软装色调的运用上往往会采用高明度和暗彩度中的无彩色，如白色、黑色、灰色的组合。

多功能家具　　　　　带有收纳功能的家具

带有收纳功能的家具　　　　　纯色布艺沙发　　　　　朦胧的素色纱帘　　　　　直线条家具

纯色地毯　　　　多功能家具

简约灯具　　直线条家具

黑白装饰画　直线条家具

直线条实木家具　　无色系百叶帘

朦胧的素色纱帘　　　直线条家具

黑与白对比的几何纹理地毯

直线条家具　　　　朦胧的素色纱帘

纯色地毯　　直线条家具

玻璃摆件　　　　直线条家具

简约灯具　　　　　鱼线形吊灯

带有收纳功能的家具　　　　直线条家具　　　　　　　带有收纳功能的家具　　　　符合人体曲线的家具

带有收纳功能的家具　　　　直线条家具　　　　　　　黑白装饰画　　　　纯色布艺沙发

多功能家具　　　　带有收纳功能的家具

直线条家具　　　纯色布艺沙发　　　　　　　黑白装饰画　　　　多功能家具

黑白装饰画　　纯色布艺沙发

简约灯具　纯净的玻璃花瓶

黑白装饰画　　黑白对比的几何纹理地毯

铁艺三脚架落地灯　黑白装饰画

直线条实木家具　　净版亮色抱枕　　　黑白装饰画

高明度色彩点缀中和单调感

　　由于简约风格的配色大多以无彩色为主色，如果觉得居室过于单调，可以在配角色和点缀色中用高纯度色彩来提亮空间。如将热烈的红色、明亮的柠檬黄、清新的绿色、优雅的紫色等用在家具的配色中，会使居住环境具有活力，增强空间的视觉效果。

符合人体曲线的家具　　　纯色地毯

朦胧的素色纱帘　　　　纯色地毯

直线条家具　　　带有收纳功能的家具

简约灯具　　　　直线条家具

多功能家具　　　　直线条家具

符合人体曲线的家具　纯净的玻璃花瓶

纯净的玻璃花瓶　纯色布艺沙发

黑白装饰画　　　　直线条实木家具

无色系床品　黑白装饰画

简约灯具　　　　直线条家具

纯色床品　　　　直线条家具

纯色地毯　　　　纯色布艺沙发

直线条实木家具　多功能家具

直线条家具　　　　　简约灯具　　　　　黑白装饰画　　　　　纯色布艺沙发

纯色布艺沙发　　　　　简约灯具　　　　　直线条家具

纯色布艺床品　　　　　直线条家具

黑白装饰画　　　　　朦胧的素色纱帘　　　　　黑白装饰画　　　　　亮色抱枕

朦胧的素色纱帘　　　　　　净版亮色床品

黑白装饰画　　　　　　简约灯具

黑白装饰画　　　　　　朦胧的素色纱帘

黑白装饰画　　　　　　简约灯具

符合人体曲线的家具　　　　　直线条实木家具

符合人体曲线的家具　　　　　纯色布艺沙发

纯色地毯　　　　　　多功能家具

简约灯具　直线条实木家具

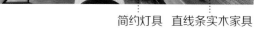

简洁的直线条最能表现简约风格特点

线条是空间风格的架构，简洁的直线条最能表现出简约风格的特点。要塑造简约空间风格，一定要先将空间线条重新整理，整合空间中的垂直线条，讲求对称与平衡；不做无用的装饰，呈现出利落的线条，让视觉不受阻碍地在空间中延伸。

多功能家具　　　　　　　　纯色布艺沙发

朦胧的素色纱帘　　　　鱼线落地灯　　符合人体曲线的家具　　　直线条家具

朦胧的素色纱帘　　　多功能家具　　　　带有收纳功能的家具　　　亮色家具

简约灯具　黑白装饰画　　　　符合人体曲线的家具　　　直线条家具

符合人体曲线的家具　　　　　纯色布艺沙发　　　　　鱼线落地灯　　多功能家具

直线条实木家具　　　简约灯具　　　　　　　　　　　纯色布艺沙发

纯色布艺沙发　　　　　　直线条家具　　　　　纯色地毯　　　鱼线落地灯

带有收纳功能的家具　　　　　直线条家具

黑白装饰画　　　　　纯色布艺沙发

纯色布艺沙发　　　　简约灯具

纯色地毯　　　朦胧的素色纱帘

黑白装饰画　　　纯色布艺沙发

直线条家具　　　　简约灯具

多功能边几　　直线条家具

带有收纳功能的家具　　　黑白装饰画

黑白装饰画　　　直线条家具

简洁线条家具　　　朦胧的素色纱帘

带有收纳功能的家具　　　纯色布艺床品

鱼线形吊灯　　　纯净的玻璃花瓶

符合人体曲线的家具　　　简约灯具

大面积色块既划分空间，又装饰空间

　　简约风格装修追求的是空间的灵活性及实用性。在设计上，要根据空间之间相互的功能关系而相互渗透，让空间的利用率达到最高。其中，划分空间的途径不一定局限于硬质墙体，还可以通过大面积的色块来进行划分，这样的划分具有很好的兼容性、流动性及灵活性；另外，大面积的色块也可以用于墙面、软装等地方。

纯色布艺沙发　　　　　　直线条家具

纯色布艺沙发　　　　鱼线形吊灯

带有收纳功能的家具　　　符合人体曲线的家具

纯色地毯　　　　符合人体曲线的家具

带有收纳功能的家具　　　纯色布艺沙发

带有收纳功能的家具　　多功能家具

鱼线落地灯　　　符合人体曲线的家具

纯色布艺沙发　　　　　带有收纳功能的家具

纯色地毯　　　　　直线条家具

金属家具　　　　　纯色布艺沙发

直线条家具　　　　　简约灯具

纯色地毯　　　　　金属家具

纯色布艺沙发　　　　　纯色地毯

多功能家具　　　　　亮色摆件

创意装饰画　　　　　简约灯具

黑白装饰画　　　　朦胧的素色纱帘

多功能家具　　　　纯色布艺沙发

符合人体曲线的家具　　　　纯色地毯

黑白装饰画　　　　朦胧的素色纱帘

多功能家具　　　　符合人体曲线的家具

朦胧的素色纱帘　　　　纯色布艺沙发

直线条家具　　　　　简约灯具

简约灯具　　　　　直线条家具

亮色抱枕　　带有收纳功能的家具

直线条家具

多功能家具　　　　　直线条家具

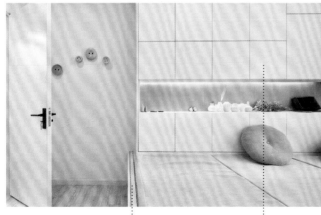

多功能家具　　　　带有收纳功能的家具

符合人体曲线的家具　　　　　直线条家具

简约风格材料选择尽量简单化

　　简约风格摒弃繁杂的造型，不会采用多余的材料装饰和复杂的造型设计，通常保持材料最原始的状态，以展现流动性和简洁性。因此，纯色涂料、条纹壁纸、浅色木纹饰面板等材料被广泛运用。

纯净的玻璃花瓶　　直线条家具

纯色地毯　　　　　　纯色布艺沙发

亮色灯具　　　　　　直线条家具

直线条家具　　　　　多功能家具

简洁造型摆件　带有收纳功能的家具

直线条家具   纯净的玻璃花瓶

黑白装饰画   直线条家具

纯色地毯   鱼线形落地灯

鱼线形吊灯   纯净的玻璃花瓶

朦胧的素色纱帘   带有收纳功能的家具

直线条家具   纯色床品

纯色布艺床品   朦胧的素色纱帘

直线条家具   简约灯具

纯色地毯　　　　　带有收纳功能的家具

鱼线形吊灯　　　　纯色布艺床品

黑白装饰画　　　鱼线形吊灯

简约灯具　　　　　朦胧的素色纱帘

鱼线形落地灯　　　纯色布艺沙发

纯净的玻璃花瓶　　黑白装饰画

直线条实木家具　　　　　　纯色布艺沙发

纯色布艺床品　　　　　　直线条实木家具

多功能家具

带有收纳功能的家具　　　　直线条家具

简约灯具　　　　　　朦胧的素色纱帘

直线条家具　　　多功能家具

简约灯具　直线条家具

纯净的玻璃花瓶　　　黑白装饰画

简约风格家具选择讲求实用与合理

现代简约风格的家具，讲究的是设计的科学性与使用的便利性。主张在有限的空间中发挥最大的使用效能。家具选择上强调形式服从功能，一切从实用角度出发，摒弃多余的附加装饰，点到为止。因此带有收纳功能的家具、直线条家具和点缀型的巴塞罗那椅是现代风格空间中经常出现的家具。

朦胧的素色纱帘　　简约灯具

鱼线形吊灯　　纯色地毯　　直线条家具　　朦胧的素色纱帘

纯色布艺沙发　　黑白装饰画

黑白装饰画　　直线条家具

朦胧的素色纱帘　　　简约灯具

带有收纳功能的家具　　　简约灯具

直线条家具　　　简约灯具

黑白装饰画　　　直线条家具

吸顶灯　带有收纳功能的家具

纯色地毯　　　朦胧的素色纱帘

直线条家具　　　玻璃家具

亮色抱枕　　　直线条家具

带有收纳功能的家具　　直线条家具　　　　　　　　纯色地毯　　　　　符合人体曲线的家具

纯色布艺沙发　　　　直线条家具　　　　　　　　黑白装饰画　带有收纳功能的家具

符合人体曲线的家具　　带有收纳功能的家具　　　纯色布艺沙发

简约灯具　　　　　　　　直线条实木家具

简约灯具　直线条实木家具

朦胧的素色纱帘　　　　　纯色布艺床品

亮色家具　　　　　　　　简约灯具

多功能家具　　　　　朦胧的素色纱帘

简约灯具　直线条实木家具

直线条实木家具　　　　　多功能家具

多功能家具令空间更加整齐

　　由于选用简约装修风格的居室面积往往不大，这就要求家具的体量要小，且带有一定的收纳功能，既不会占用过多空间，也会令整体空间显得更加整洁。常见的带有收纳功能的家具如电视柜、茶几、睡床等。

朦胧的素色纱帘　　　　　　　　黑白装饰画

朦胧的素色纱帘　　　　纯色布艺床品

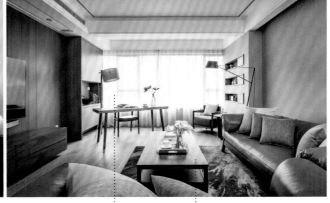

朦胧的素色纱帘　直线条家具

简约灯具　　　　　　　纯色布艺床品

纯色布艺沙发　　　鱼线形吊灯

带有收纳功能的家具　　　　　　　亮色抱枕

多功能家具　　　　　朦胧的素色纱帘

黑白装饰画　纯色布艺沙发

纯色布艺沙发　　　带有收纳功能的家具

直线条家具

直线条实木家具　简约灯具

直线条实木家具　　　　简约灯具

黑白装饰画　　直线条家具

纯色布艺床品　　　　直线条家具

亮色抱枕　　带有收纳功能的家具　　带有收纳功能的家具　简约灯具

直线条家具　　简约灯具

纯色地毯　　符合人体曲线的家具　　　纯净的玻璃花瓶　　　　鱼线形吊灯

直线条家具　　　鱼线形吊灯

纯色布艺床品　黑白装饰画

纯色地毯　　　黑白装饰画

朦胧的素色纱帘　　带有收纳功能的家具

纯色地毯　　　　直线条家具

纯色布艺沙发　　纯色地毯

实木餐椅　　　　直线条家具

简约家居软装的选择原则

　　由于简约家居风格的线条简单、装饰元素少，因此软装是简约风格家居装饰的关键。配饰选择应尽量简约，以实用方便为主。此外，简约家居中的陈列品设置应尽量突出个性和美感。

黑白装饰画　　　　　　　直线条家具

纯色布艺座椅

朦胧的素色纱帘　　　　直线条家具

直线条家具　　鱼线形吊灯

多功能茶几　　　　纯色地毯

多功能家具　　　　黑白装饰画

纯色布艺沙发　　朦胧的素色纱帘

直线条家具　　　　纯色布艺沙发

简约灯具　符合人体曲线的家具

亮色抱枕　　带有收纳功能的家具

亮色抱枕　　　　直线条家具

带有收纳功能的家具　　　亮色座椅

纯色布艺抱枕　　　　多功能家具

简约灯具　　　　　　　　直线条家具

符合人体曲线的家具　带有收纳功能的家具

直线条家具　带有收纳功能的家具

简约灯具　　　　　直线条家具

直线条家具　简约灯具

带有收纳功能的家具　　　　　　黑白装饰画

直线条家具　纯净的玻璃花瓶

直线条家具　　纯色布艺床品

直线条家具　　条纹抱枕

朦胧的素色纱帘　　　　简约灯具

直线条家具　　黑白装饰画

多功能家具　　纯色布艺沙发

纯色地毯　　　　亮色抱枕

简约灯具　　　　纯色布艺沙发

装饰品要提升空间格调，但不要打破空间素雅感

简约风格虽然要遵循极简的装饰理念，但并不意味不需要装饰品。由于简约风格在色彩和造型上都极其简洁，因此，装饰品反而是最能提升空间格调的元素。但在选择上仍需注意不要打破空间整体素雅的氛围。

直线条家具　纯净的玻璃花瓶

纯色布艺床品　　　纯色地毯

黑白装饰画　简约灯具

纯净的玻璃花瓶　　　　　简约灯具

纯色地毯　　　　鱼线形吊灯

亮色座椅　　　　　　　鱼线落地灯　　　　　　鱼线形吊灯　　　黑白装饰画

纯净的玻璃花瓶　直线条家具　　　　带有收纳功能的家具　　　　多功能家具

直线条家具　　　　朦胧的素色纱帘　　　　纯色地毯　　　　黑白装饰画

黑白装饰画　　　多功能家具　　　　多功能家具　　　　纯色床品

黑白装饰画　　　鱼线形吊灯

朦胧的素色纱帘　　　　纯色布艺沙发　　　　鱼线形吊灯　　　　直线条家具

材料

天然材料是北欧风格室内装修的灵魂，其本身所具有的柔和色彩、细密质感以及天然纹理非常自然地融入家居设计之中。

木材、板材、陶瓷、玻璃、铁艺

家具

北欧家具一般比较低矮，以板式家具为主，材质上使用不曾精加工的木料，尽量不破坏原本的质感。

原木板式家具、布吉·莫根森两人位沙发、伊姆斯椅

配色

配色浅淡、洁净、清爽，给人一种视觉上的放松感。还会用到大量的木色来提升自然氛围。

白色＋黑色、白色＋原木色、无彩色＋木色＋浊色调、白色＋其他色彩＋金色点缀、浊色调绿色为背景色

形状图案

空间大多横平竖直，基本不做造型，体现风格的利落、干脆。图案往往为简练的几何图案，极少会出现繁复的花纹。

棋格、三角形、箭头、菱形花纹、麋鹿

装饰

北欧风格注重个人品位和个性化格调，饰品不会很多，但很精致。常见简洁的几何造型或各种北欧地区的动物。

照片墙、网格架、谷仓门、"鹿"造型装饰、绿植/干花、魔豆灯、钓鱼落地灯、几何造型灯具

北欧风格配色浅淡、洁净、清爽

北欧风格的家居背景色大多为无彩色，也会出现浊色调的蓝色、淡山茱萸粉等，点缀色的明度稍有提升，像明亮的黄色、绿色都是很好的调剂色彩。此外，北欧风格还会用到大量的木色来提升自然感，以及利用黄铜色的装饰来体现精致与时尚。

布艺沙发　　　　照片墙

绿植　　　照片墙

布艺沙发　　　　照片墙

照片墙　　　　　　布艺沙发　　　　　　几何图案地毯

照片墙　　　　　极简无花床品　　　　　　　　　　　　极简无花床品　　　照片墙

极简无花床品　　　组合装饰画

绿植

布艺沙发　　　　壁炉

板式原木家具　　玻璃瓶插花

绿植　　　　　符合人体工学的家具

组合装饰画　　　简洁格子布艺

绿植　　　　　　　原木板式家具

几何图案地毯　　　照片墙

原木板式家具　　　布艺沙发

绿植　　　　　　　照片墙

绿植　　　　　　　组合装饰画

黑框细边装饰画　　　　　原木板式家具

伊姆斯椅子　　　　照片墙

原木板式家具　　　　　组合装饰画

极简无花床品　绿植装饰画

极简无花床品　　　黑框细边装饰画

极简无花床品　　　　　照片墙

照片墙

绿植　　　照片墙

使用中性色进行柔和过渡

用黑色、白色、灰色营造强烈效果的同时，要用稳定空间的元素打破视觉膨胀感，如用素色家具或中性色软装来压制。如沙发尽量选择灰色、蓝色或黑色的布艺产品，其他家具选择原木或棕色木质，再点缀带有花纹的黑白色抱枕或地毯。

照片墙 　　　　　　原木板式家具 　　　　　　伊姆斯椅子 　　　　　　黑框细边装饰画

照片墙 　　　　　　黑框细边装饰画

布艺沙发 　　　　　　原木板式家具 　　　　　　绿植 　　　　　　伊姆斯椅子

照片墙　　　几何图案抱枕

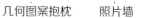

几何图案抱枕　　　照片墙

几何图案地毯　　原木板式家具

布艺沙发　　　照片墙

黑框细边装饰画　　　自然风格插花

绿植　　　符合人体工学的家具

布艺沙发　　　黑框细边装饰画

组合装饰画　　　极简无花床品

黑框细边装饰画　原木板式家具

伊姆斯椅子　　　照片墙

绿植　　　　　极简无花床品

照片墙　　　　纯色净版抱枕

绿植　　　　　　壁炉

绿植　　　　　布艺沙发

原木板式家具　　伊姆斯椅子

伊姆斯椅子　　　　黑框细边装饰画

原水板式家具　　　伊姆斯椅子

照片墙　　　　　　绿植

几何图案地毯　　　照片墙

伊姆斯椅子　　　　原木板式家具

伊姆斯椅子　　　　组合装饰画

布艺＋木框架沙发　鹿头壁挂

组合装饰画　　　　布艺沙发

善用图案和色彩来表现风格特征

在布艺的选择上，北欧风格偏爱柔软、质朴的纱麻制品，如窗帘、桌布等都力求体现出素洁、天然的特征。北欧风格的地毯和抱枕，则偏重于用图案和色彩来表现风格特征，常见的有灰白、白黑格子图案，黄色波浪图案，粉蓝相间的几何图案等。

伊姆斯椅子　　　　　照片墙

几何图案地毯　黑框细边装饰画

照片墙　　　　　　　绿植

照片墙　　　　　原木板式家具

伊姆斯椅子　　　黑框细边装饰画

布艺沙发　　　组合装饰画

魔豆灯　　　照片墙

黑框细边装饰画　　　极简无花床品

金属灯罩吊灯　　　极简无花床品

绿植　　　绿植图案装饰画

魔豆灯　　绿植

照片墙　　　几何图案地毯

照片墙　　　绿植

布艺沙发　　　　　照片墙

绿植　　　　　鹿角墙饰

原木板式家具　　　　插花

照片墙

符合人体工学的家具　　　布艺沙发

几何图案地毯　　　原木板式家具

插花　　　　原木板式家具

插花　　　　　布艺沙发　　　　　　　几何图案地毯　　　　纯色净版抱枕

几何图案抱枕　组合装饰画　　　　　　组合装饰画　　　　几何图案抱枕

绿植　　　　　　　　组合装饰画　　　　　　原木板式家具

天然材料是北欧风格室内装修的灵魂

木材、板材等材料的柔和色彩、细密质感以及天然纹理非常自然地融入家居设计之中，展现出一种朴素、清新的原始之美，代表着独特的北欧风格。另外，陶瓷、玻璃、铁艺等常作为装饰品或作为绿色植物的容器，出现在北欧风格的居室中，同样保留了材质的原始质感，体现北欧人对传统手工艺和天然材料的喜爱。

几何图案布艺矮凳　　　　　　　　　绿植

布艺沙发　　　　　金属灯罩灯

金属灯罩灯　　　　　绿植

动物造型矮凳　　　　　　　　　绿植

绿植　　　　　　网格置物架

布艺沙发　　　　照片墙　　　　　　　　伊姆斯椅子　　极简无花床品

照片墙　　原木板式家具　　　　绿植　　　　　　　原木板式家具

鹿头壁挂　　　　布艺＋木框架沙发　　　布艺沙发　　　　　　绿植

原木板式家具　　黑框细边装饰画　　　　　　　　照片墙　　布艺沙发

绿植装饰画　　　　　　　几何图案地毯

伊姆斯椅子　　　　　　　原木板式家具

　　　　　　　　　　　　绿植　　　　照片墙

黑框细边装饰画　　　　　原木板式家具

动物造型收纳柜　　　　　原木板式家具

原木板式家具　　　　　几何图案抱枕

符合人体工学的家具　　　几何图案地毯

绿植　　　极简无花床品

布艺沙发　　　魔豆灯

符合人体工学的家具　　　组合装饰画

照片墙　　　几何图案地毯

符合人体工学的家具　　　组合装饰画

几何图案窗帘　　　黑框细边装饰画

原木板式家具在北欧风格中扮演重要角色

　　木材是北欧风格装修的灵魂，原木板式家具是其中的重要角色。这种使用不同规格的人造板材，再以五金件连接的家具，可以变幻出千变万化的款式和造型。另外，其柔和的色彩，细密的天然纹理，将自然气息融入家居空间，展示舒适、清新的原始美。

照片墙　　原木板式家具

原木板式家具　　组合装饰画

几何图案地毯　　照片墙

鹿头壁挂　　　　　　金属罩灯具

伊姆斯椅子

伊姆斯椅子　　　　绿植

符合人体工学的家具　魔豆灯

黑框细边装饰画　　金属罩灯具

原木板式家具　　　　组合装饰画

伊姆斯椅子　绿植

原木板式家具　黑框细边装饰画

金属罩灯具　　　白色砖墙

伊姆斯椅子　　　　原木板式家具

金属罩灯具　　　　伊姆斯椅子

原木板式家具　　　　伊姆斯椅子

伊姆斯椅子　　　　　　网格置物架

伊姆斯椅子　　金属罩灯具

伊姆斯椅子　　　　　金属罩灯具

照片墙　　　　纯色净版抱枕

原木板式家具　　　黑框细边装饰画

玻璃瓶插花　　　　　　　绿植

金属罩灯具　　　　网格置物架

几何图案抱枕　　　　艺术网状吊灯

金属罩灯具　　网格置物架

几何图案布艺最为常见

北欧风格追求素简的格调在空间中渗透于任何一个领域。布艺中除了常见的纯色之外，图形的选择上往往为简练的几何图案，极少会出现繁复的花纹，常见的图案包括棋格、波浪纹、三角形、箭头、菱形花纹等。另外，麋鹿也是北欧风格布艺中的常见图案。

伊姆斯椅子　　组合装饰画

极简无花床品　　　　　原木板式家具

照片墙　　　　　极简无花床品

黑框细边装饰画　　　　极简无花床品

照片墙　　绿植

照片墙　　　　几何图案抱枕

绿植　　　　金属罩灯具

玻璃瓶插花　　符合人体工学的家具

原木板式家具

原木板式家具　　伊姆斯椅子

极简无花床品　　黑框细边装饰画

几何图案地毯　　原木板式家具　　　　几何图案抱枕　　玻璃瓶插花

布艺沙发

藤编花篮　　　　　　　　绿植

符合人体工学的家具　　　绿植

鹿头壁挂　　　　　　　　照片墙

星芒灯　原木板式家具

绿植　　　原木板式家具

原木板式家具　　　伊姆斯椅子

黑框细边装饰画　　　绿植装饰画

金属罩灯具　符合人体工学的家具

纯色净版抱枕　黑框细边装饰画

纯色净版抱枕　　原木板式家具

绿植装饰画　　　布艺＋木框架沙发　　　　　原木板式家具

符合人体曲线的家具

　　"以人为本"是北欧家具设计的精髓。北欧家具不仅追求造型美，更注重从人体结构出发，讲究它的曲线如何在与人体接触时达到完美的结合。它突破了工艺、技术僵硬的理念，融进人的主体意识，从而变得充满理性。

绿植　　　　　　　　　鹿头壁挂

几何图案地毯　　　　鹿头壁挂

组合装饰画　　　　　绿植

鹿头壁挂　　　　　　伊姆斯椅子

几何图案抱枕　鹿头壁挂

照片墙   符合人体工学的家具   照片墙   绿植

符合人体工学的家具 黑框细边装饰画   绿植   伊姆斯椅子

布艺沙发   绿植   插花   组合装饰画

几何图案抱枕   照片墙   原木板式家具   绿植

绿植　　　　　　　布艺沙发

原木板式家具　　　伊姆斯椅子

绿植　　　　　　　黑框细边装饰画

金属罩灯具　原木板式家具

符合人体工学的家具　　金属罩灯具

几何图案抱枕　　　鹿头壁挂

金属罩灯具　　　　照片墙　　　　　　　　　　　　魔豆灯

绿植　　　黑框细边装饰画

绿植　　　Y椅

黑框细边装饰画　　原木板式家具

绿植　　　原木板式家具　　　　　原木板式家具　　　　　　　照片墙

北欧风格的装饰注重天然质感

北欧风格注重的是"饰"，而不是"装"。北欧的硬装大多简洁，室内白色墙面居多。早期在原材料上更追求原始天然质感，譬如说实木、石材等，没有复杂造型的吊顶。后期的装饰非常注重个人品位和个性化格调，饰品不会很多，但很精致。

黑框细边装饰画　　伊姆斯椅子

照片墙　　　　　　原木板式家具

照片墙　　　　　　伊姆斯椅子

伊姆斯椅子　　　原木板式家具

黑框细边装饰画　　原木板式家具

原木板式家具   照片墙

伊姆斯椅子   金属罩灯具

照片墙   伊姆斯椅子

伊姆斯椅子   原木板式家具

金属罩灯具   伊姆斯椅子

黑框细边装饰画   符合人体工学的家具

绿植   黑框细边装饰画

符合人体工学的家具   伊姆斯椅子

黑框细边装饰画　绿植

伊姆斯椅子　金属罩灯具

符合人体工学的家具　　　原木板式家具

黑框细边装饰画　　　极简无花床品

纯色净版抱枕　　　绿植

原木板式家具　　　伊姆斯椅子

伊姆斯椅子　　　原木板式家具

伊姆斯椅子　　　原木板式家具

原木板式家具　　　绿植

金属罩灯具

伊姆斯椅子　　　金属罩灯具

符合人体工学的家具　　　布艺沙发

布艺沙发　　　黑框细边装饰画

原木板式家具　　　绿植

北欧风格装饰品宜精不宜多

    北欧风格注重个人品位和个性化格调，饰品不会很多，但很精致。常见简洁的几何造型或各种北欧地区的动物。另外，鲜花、干花、绿植是北欧家居中经常出现的装饰物，不仅契合了北欧家居追求自然的理念，也可以令家居更加清爽。

伊姆斯椅子　　　　原木板式家具

艺术网状吊灯　　符合人体工学的家具

原木板式家具　　　金属罩灯具

伊姆斯椅子　　　　黑框细边装饰画

绿植　　　　　　组合装饰画

绿植　　　　　　　魔豆灯　　　　　　　　　　　　　　原木板式家具　　　金属罩灯具

绿植　　　　　　　组合装饰画　　　　　　　　　　　黑框细边装饰画　　极简无花床品

伊姆斯椅子　　　　　　　　　　　　　　　　　　　　绿植

绿植　　　　　　　金属罩灯具　　　　　　　　　　　绿植　　　　　　　几何图案地毯

照片墙　　　　　　　　绿植

黑框细边装饰画　伊姆斯椅子

极简无花床品　　　　　照片墙

纯色净版抱枕　　　　　绿植

照片墙　　　　　　伊姆斯椅子

插花　　　　几何图案桌布

原木板式家具　　　　　绿植

黑框细边装饰画　　　　绿植

符合人体工学的家具　　　　　　绿植

符合人体工学的家具　　　　金属罩灯具

照片墙　　　　　　　　魔豆灯

几何图案地毯　　　　金属罩灯具

色彩明快的家具搭配

北欧风格居室中的色彩常以木色或无色系组成，配上大面积的白色墙面，会形成干净明快、自然之感的空间氛围，但为了避免只有无色系或木色的沉闷感和单调感，可以利用色彩明快但体积较小的软装进行点缀，增加活跃感的同时，也不会破坏干净的氛围。

星芒灯　　原木板式家具

绿植　　　　组合装饰画

照片墙　绿植

绿植　　　　　　　　　　　纯色净版抱枕　　　黑框细边装饰画

几何图案地毯

原木板式家具　　　　绿植

鹿头壁挂　原木板式家具

魔豆灯　　　极简无花床品

魔豆灯　　　原木板式家具

绿植　　　　　原木板式家具

原木板式家具　　　　　　　　绿植

金属罩灯具

几何图案地毯　魔豆灯

原木板式家具　　　　照片墙

原木板式家具

原木板式家具　　　　　　　　　　原木板式家具　　　　绿植

工业风格

材 料

工业风格的空间多保留原有建筑材料的部分容貌。

裸露的砖墙、原始水泥墙、裸露的管线、金属与旧木、磨旧感的皮革

家 具

工业风格家具可以让人联想到 20 世纪的工厂车间，古朴的家具让工业风格从细节上彰显粗犷、个性的格调。

水管风格家具、金属与旧木结合的家具、不规则家具、创意家具

配 色

色彩挑选一定要突显出其颓废与原始工业化，大多采用水泥灰、红砖色、原木色等作为主体色彩，再增添些亮色配饰。

白色＋灰色＋灰棕色实木、水泥灰＋黑色、水泥灰＋原木色、水泥灰＋砖红色、水泥灰＋褐色、灰色＋砖红色＋彩色点缀

形状图案

工业风格的造型和图案也打破了传统的形式，用来凸显工业气质。

扭曲/不规则的线条、夸张、怪诞的图案、几何形状、斑马纹/豹纹

装 饰

身边的陈旧物品，在工业风格的空间陈列中拥有了新生命。

水管装饰品、风扇装饰、齿轮装饰、自行车装饰、动物造型装饰、斑驳的老物件、造型灯具

无色系搭配最能体现工业感

　　白色、水泥灰色和黑色属于无色系，三者的搭配最能体现出工业风格的冷峻个性。与木色结合则能降低冷峻感，其中木色可用在墙面、顶面中，也可用于小件的家具中，一般使用带有做旧感的原木本色，或偏灰棕色系的实木，以免破坏其老旧的整体氛围。

不锈钢操作台　　Tolix 椅子

明装射灯 皮质休闲椅

水管装饰 金属摆件

粗犷风格的灯具　　做旧木茶几　　皮质沙发

裸露的灯泡　皮质座椅

钢木家具

金属收纳柜　　　　线索悬浮吊灯

齿轮修饰茶几　　　铁艺置物架

可伸缩金属灯具　　复古箱子床头柜

做旧木家具

水管装饰　　　　　金属灯具

个性装饰　　　　　　　　　水管装饰

皮质沙发　　　　　　明装射灯

做旧木家具　　　　　钢木家具

裸露的灯泡　　　　　金属灯具

金属茶几　明装射灯

皮质沙发　　　　　　明装射灯

复古家具　　　　　　钢木家具

金属灯具　　　　　金属摆件

镂空装饰　　　红砖背景墙

铁艺置物架　　　明装射灯

不规则造型家具　玻璃球灯

明装射灯　　不规则造型家具

金属灯具　　不规则造型家具

粗犷风格灯具　　　明装射灯

裸露的灯泡　复古家具

金属家具　　　复古家具

工业风格色彩需体现个性效果

    工业风格家居的最大魅力来自色彩给人的个性效果。由于后工业风格给人的感觉是冷峻、颓废的，在软装色调的运用上往往会采用高明度和暗彩度中的无彩色系，如白色、黑色、灰色的冰冷感，用木色调节温度，也会用到少量的亮彩度点缀，如明亮的黄色、红色。

做旧木家具　　裸露的灯泡

线索悬浮吊灯

Tolix 椅子　　　钢木家具

明装射灯　天鹅椅

贾伯斯吊灯　金属框架家具

Tolix 椅子   金属灯具

明装射灯   不规则造型家具

铁艺置物架   明装射灯

玻璃球灯   铁艺置物架

皮质沙发   裸露的灯泡   钢木框架家具

做旧木家具　　　　明装射灯　　　　　　　　　　　　　铁艺装饰　　　　金属灯具

管道装饰　　　　不锈钢操作台　　　　　　　　　　　裸露的灯泡　　鹿头装饰

明装射灯　　　　钢木家具

明装射灯　　　　金属探照灯　　　　　　　　　线索悬浮吊灯　　做旧木家具

水管装饰家具　　　　　钢木家具

创意装饰画　金属灯具

不锈钢操作台　铁艺酒架

粗犷风格的灯具　不规则造型家具

粗犷风格的灯具　　做旧木家具

整皮地毯　　玻璃球灯

明装射灯　　　　　　铁艺置物架

做旧木家具　　　　Tolix 椅子

夸诞造型释放个性魅力

工业风格是时下很多追求个性与自由的年轻人的最爱，这种风格本身所散发出的粗犷、神秘、机械感十足的特质，让人为之着迷。工业风格的造型和图案也打破了传统的形式，扭曲或不规则的线条，斑马纹、豹纹或其他夸张怪诞的图案广泛运用，用来凸显工业气质。

铁艺置物架　　　蛋椅

金属灯具　　　　Tolix 椅子

铁艺置物架　　　工业齿轮装饰

线索悬浮吊灯　　齿轮茶几

裸露的灯泡　　太空铝皮桌子

粗犷风格的灯具　皮质沙发　　　　　　　金属灯具　　　　铁艺置物架

金属灯具　　　　　　明装射灯　　　　　　　　　钢木家具　金属家具

恐龙骨模型　　　　　蛋椅　　　　　　　　　恐龙模型　　蛋椅

做旧木家具　　　　　自行车装饰　　　　　　铁艺置物架　鹿头装饰

明装射灯　　　　金属家具

工业齿轮装饰　钢木家具

整皮地毯　　　　明装射灯

金属探照灯　　　　　钢木家具

抽象装饰画　　　做旧木家具

铁艺置物架　　　　整皮地毯

皮质沙发　铁艺置物架　　　　　　钢木吧凳　　　　　明装射灯

铁艺置物架　　　　　做旧木家具　　　　　明装射灯　　　　　整皮地毯

不规则造型家具　　　斑马纹抱枕

水管装饰　　　　　Tolix 椅子　　　　　水管装饰　　　　　金属灯具

不做修饰的工业风格空间设计

工业风格的空间多保留原有建筑材料的部分容貌，比如墙面不加任何装饰把原始的墙砖或水泥墙面裸露出来，在天花板上基本不用吊顶材料设计，把金属管道或者水管等直接裸露出来刷上统一的漆，加上做旧的金属制品和皮件的运用。令空间兼具奔放与精致，阳刚与阴柔，原始与工业化。

皮质座椅　　　　　　　　　　玻璃球灯

水管装饰　抽象装饰画

金属灯具　皮质沙发

玻璃灯

蛋椅　　　抽象装饰画

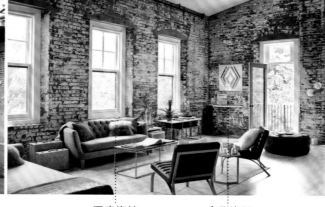

不锈钢操作台　　　　皮质沙发　　　　　　　　毛皮抱枕　　　　　　金属家具

明装射灯　　　　复古箱子装饰　　　　　　　　铁艺置物架　　　　　创意装饰画

铁艺置物架　　　　　　　　复古家具　　　　　　　　　　　　粗犷风格灯具

线索悬浮吊灯　做旧木家具　　　　　　　　皮质座椅　　　　　　　皮质坐凳

不锈钢操作台　　明装射灯

金属灯具　　铁艺挂钟装饰

钢木家具　　　金属家具

铁艺置物架　　　恐龙骨模型

Tolix 椅子　　　　明装射灯

铁艺置物架　　裸露的灯泡

金属家具　　线索悬浮吊灯

做旧木家具　　　　线索悬浮吊灯

裸露的灯泡　　铁艺置物架

创意装饰画　　　不锈钢操作台

线索悬浮吊灯　　　金属家具

线索悬浮吊灯　　　水管装饰

明装射灯　　不锈钢操作台

工业风格家具极具工业特色

工业风除了在材料选用上极具特色，软装家具也非常有特点。工业风格家具可以让人联想到 20 世纪的工厂车间，一些水管风格家具、做旧的木家具、铁质架子、Tolix 金属椅等非常常见，这些古朴的家具让工业风格从细节上彰显出粗犷、个性的格调。

铁艺置物架　　裸露的灯泡

复古摆件　　　　　　钢木家具

复古箱子边几　　　　明装射灯

金属框架家具　　裸露的灯泡

明装射灯　　　　　玻璃球灯

金属灯具　亚克力坐凳　　　　水管装饰　　　　　　　　　　　裸露的灯泡

皮质沙发　　　　　明装射灯　　　　　　　　　　　　　　　金属灯具

明装射灯　　　　整皮地毯　　　　　　　　　钢木家具　　　　创意装饰画

明装射灯　　　　不锈钢操作台　　　　　　　　皮质沙发　　　　铝皮天鹅椅

金属家具　明装射灯　　　　　　　创意装饰画　水管装饰

线索悬浮吊灯　复古箱子茶几　　　　三脚吧凳　钢木家具

铁艺置物架　明装射灯

创意装饰画　　　　　皮质沙发　　　　皮面高脚凳　线索悬浮吊灯

铝皮电视柜

明装射灯

金属灯具　　　　　　　　皮质沙发

水管装饰　　　　皮质沙发

铁艺置物架　　　　　　　蛋椅

裸露的灯泡　钢木家具

明装射灯　　　　　　　金属灯具

金属可移动家具

工业风格家具常有原木的踪迹

　　许多金属制的桌椅会用木板来作为桌面或者椅面，如此一来就能够完整地展现木纹的深浅与纹路变化。尤其是老旧、有年纪的木头，做起家具来更有质感。除了桌面以外，木质的梁柱也是室内的亮点。

线索悬浮吊灯　　　　　　　　皮质沙发

复古箱子茶几　鹿头装饰

铁艺置物架　　　明装射灯

个性造型装饰　　　　明装射灯　　　　线索悬浮吊灯

金属灯具

抽象装饰画　　　做旧木家具

裸露的灯泡　　　钢木家具

做旧木家具　　金属灯具

镂空座椅　　金属灯具

金属灯具　　复古家具

钢木框架移动门　　金属灯具

线索悬浮吊灯　　　钢木家具

做旧木家具　　　　　明装射灯

做旧木家具　　　　　金属座椅

Tolix 椅子　　　　　粗犷风格灯具

做旧木家具　　　　　金属床头柜

创意装饰画　　钢木家具

皮质座椅　　　　　钢木家具

皮质沙发　　　　　　　复古箱子茶几

金属灯具

金属灯具

个性装饰　　　明装射灯

不规则造型家具　　镂空座椅

皮质沙发　　　　　金属灯具

金属灯具　　　　　　钢木家具

整皮地毯　　　玻璃球灯

137

颠覆传统方式的工业风格装饰布置

工业风不刻意隐藏各种水电管线，而是透过位置的安排以及颜色的配合，将它化为室内的视觉元素之一。而各种水管造型的装饰，如墙面搁板书架、水管造型摆件等，同样最能体现风格特征。另外，曾经身边的陈旧物品，如旧皮箱、旧自行车、旧风扇等，在工业风格的空间陈列中拥有了新生命。

钢木家具   铁艺置物架

铁艺置物架   线索悬浮吊灯

明装射灯   马头装饰品

金属灯具   铁艺衣架

裸露的灯泡 创意装饰画

玻璃球灯　　　　皮质沙发

创意装饰画　　　　玻璃球灯

粗犷风格灯具　　　　Tolix 椅子

线索悬浮吊灯　　　　金属缎面抱枕

皮质座椅　　　　裸露的灯泡　　　　　　　　镂空座椅　　裸露的灯泡

粗犷风格灯具　做旧木家具

皮质沙发　　　　　　铁艺置物架　　　　　　不锈钢橱柜　　毛皮抱枕